MOHAMMED RAFIQKHAN
BHAGYASHREE MAHENDRAN
MANASA NAGARAJ

BIOSSÍNTESE DE NANOPARTÍCULAS DE FERRO A PARTIR DE HYDROCOTYLE LEUCOCEPHALA

MOHAMMED RAFIQKHAN
BHAGYASHREE MAHENDRAN
MANASA NAGARAJ

BIOSSÍNTESE DE NANOPARTÍCULAS DE FERRO A PARTIR DE HYDROCOTYLE LEUCOCEPHALA

Aplicações médicas de Hydrocotyle leucocephala - Um potente etnomedicamento

Imprint

Any brand names and product names mentioned in this book are subject to trademark, brand or patent protection and are trademarks or registered trademarks of their respective holders. The use of brand names, product names, common names, trade names, product descriptions etc. even without a particular marking in this work is in no way to be construed to mean that such names may be regarded as unrestricted in respect of trademark and brand protection legislation and could thus be used by anyone.

Cover image: www.ingimage.com

This book is a translation from the original published under ISBN 978-620-7-81114-4.

Publisher:
Sciencia Scripts
is a trademark of
Dodo Books Indian Ocean Ltd. and OmniScriptum S.R.L publishing group

120 High Road, East Finchley, London, N2 9ED, United Kingdom
Str. Armeneasca 28/1, office 1, Chisinau MD-2012, Republic of Moldova, Europe
Printed at: see last page
ISBN: 978-620-8-03500-6

Índice

1. INTRODUÇÃO

1.1 Plantas medicinais

A Índia tem uma rica tradição de ervas medicinais e especiarias, com mais de 2000 espécies e uma vasta área geográfica com elevadas capacidades potenciais para as medicinas tradicionais Ayurveda, Unani e Siddha. No entanto, apenas um pequeno número destas ervas e especiarias foi objeto de uma investigação aprofundada quanto ao seu potencial valor medicinal em termos de química e farmacologia. Durante milhares de anos, as pessoas utilizaram plantas para curar uma variedade de doenças. De acordo com a Organização Mundial de Saúde, a maioria das pessoas ainda recorre a medicamentos tradicionais para as suas necessidades relacionadas com a saúde mental e física (Sandhu e Heinrich, 2005). A história da saúde humana sempre foi significativamente influenciada pelas plantas medicinais. No entanto, a atividade humana e as alterações climáticas tiveram um impacto negativo significativo nas populações e na utilização sustentável das plantas medicinais. O estado atual da conservação das plantas e a sua distribuição geográfica são mal conhecidos (Xia *et al.*, 2022).

A utilização de ervas pelo seu valor terapêutico ou medicinal é conhecida como fitoterapia, que também é conhecida como remédios à base de plantas ou tratamento biológico. Uma erva é uma planta ou um componente de planta que é apreciado pelas suas propriedades terapêuticas, salgadas ou perfumadas. As plantas herbáceas produzem e contêm uma vasta gama de substâncias químicas que têm efeitos fisiológicos. O primeiro tipo de tratamento que o ser humano utilizou até hoje foram as ervas medicinais. No passado, todos os povos utilizaram plantas medicinais. Contribuíram significativamente para o aparecimento da cultura contemporânea. O homem primitivo examinava e admirava a enorme variedade de plantas que tinha à sua disposição. A alimentação, o vestuário, o local de habitação e os medicamentos eram fornecidos pelas culturas. A maior parte dos medicamentos à base de plantas parece ter evoluído em grande parte através da investigação e do estudo dos seres da natureza. Cada tribo foi-se tornando cada vez mais consciente das propriedades medicinais das ervas locais. Atualmente, muitos dos medicamentos utilizados regularmente têm origem nas plantas. De facto, pelo menos um ingrediente ativo em cerca de 25% dos medicamentos prescritos nos EUA provém de uma substância encontrada nas plantas. Alguns são derivados de extractos à base de plantas, enquanto outros são criados para se assemelharem a uma substância encontrada nas plantas. Uma maioria significativa dos medicamentos genéricos utilizados hoje em dia para tratar doenças cardíacas, hipertensão arterial, dores, asma e outras condições ainda se baseia em compostos extraídos de ervas. Desde há quase mil anos, várias espécies de plantas têm sido consideradas como uma fonte para a criação de agentes medicinais e, ainda hoje, a maioria dos produtos farmacêuticos utilizados na prática são compostos naturais derivados de plantas. É espantoso o número de tipos diferentes de plantas medicinais que existem no mundo (Guo *et al.*, 2023).

As plantas produzem normalmente metabolitos adicionais em menor quantidade do que os metabolitos principais. Muitos metabolitos secundários são "antibióticos" no sentido mais lato, defendendo as plantas de animais, fungos, bactérias e mesmo de plantas de outras espécies. Todos os tipos de plantas têm compostos que podem ter um impacto deletério em determinados animais ou micróbios, fornecendo provas sólidas de que os metabolitos de segunda geração são cruciais na luta contra agentes patogénicos e herbívoros. Devido à abundância de compostos benéficos que as plantas geram e que provavelmente têm origem em compostos defensivos contra doenças ou comportamentos predatórios, a flora tem sido historicamente uma fonte rica de terapêutica (Elumalai *et al.*, 2015).

Cerca de 70 000 espécies de plantas, desde líquenes rasteiros a árvores altas, demonstraram ser capazes de curar uma série de doenças (Prasathkumar *et al.*, 2021). As plantas medicinais são uma fonte valiosa de medicamentos necessários e de remédios naturais para os cuidados de saúde e o tratamento de doenças. A biossíntese de produtos naturais é uma alternativa muito promissora à síntese e extração químicas para a conservação bem sucedida das plantas medicinais, e o seu rápido desenvolvimento ajudará substancialmente na conservação e utilização sustentável das plantas medicinais (Guo *et al.*, 2023).

A compreensão das relações evolutivas dentro da ordem Apiales, particularmente entre as suas duas maiores famílias, Apiaceae (=Umbelliferae) e Araliaceae, tem sido significativamente dificultada durante mais de um século pela subfamília Hydrocotyloideae de Apiaceae.

Os 42 géneros e cerca de 470 espécies de plantas da família Hydrocotyloideae são principalmente herbáceas e sufrutescentes. O grupo encontra-se em todo o planeta, mas o hemisfério sul apresenta os níveis mais elevados de variedade genérica, com o sul da América do Sul, a Austrália e a Nova Zelândia a apresentarem os níveis mais elevados de endemismo. Plantas medicinais como Centella, Mulinum, e Azorella, plantas comestíveis como Centella e Diposis, plantas ornamentais como Trachymene, Actinotus, Azorella, e o pennywort aquático Hydrocotyle, e plantas de importância etnobotânica, algumas das quais têm sido cultivadas em excesso até ao ponto de estarem em perigo, são todas membros da família Hydrocotyloideae. Os frutos das Hydrocotyloideae foram descritos como tendo endocarpos lenhosos e sem carpóforos livres e vittae (tubos de óleo nos sulcos entre as nervuras principais, mas podem estar presentes dutos de óleo nas nervuras), em contraste com os frutos apióides e saniculóides (Nicolas e Plunkett, 2009).

As margens de rios, riachos, lagoas e campos irrigados são locais frequentes para o crescimento natural desta planta em áreas húmidas e sombreadas até uma altitude de 1.000 metros. Na Índia e no Sri Lanka, também cresce em altitudes de cerca de 2000 pés perto de muros de pedra ou outros locais rochosos. Tem uma longa história de utilização medicinal na Índia, China, Sri Lanka, Nepal e Madagáscar. É uma das ervas mais populares para o tratamento de doenças da pele e para a cicatrização de feridas. e para o tratamento de numerosos problemas físicos, bem como para reavivar os nervos e as células cerebrais, o que lhe valeu a alcunha de "alimento para o cérebro" na Índia. (Guo *et al.*, 2023)

1.2 Medicina tradicional

A medicina tradicional (MT) é um subconjunto da etnomedicina e envolve a utilização de recursos facilmente disponíveis (materiais provenientes de animais, plantas e minerais), incluindo plantas com propriedades terapêuticas que podem ser utilizadas para tratar uma variedade de doenças e perturbações. As dificuldades em utilizar a medicina contemporânea para tratar algumas doenças e perturbações crónicas têm sido responsabilizadas pelo regresso do interesse pela MT. A ideia cultural generalizada de que as pessoas devem viver perto da natureza contribuiu para a popularidade dos remédios à base de plantas. A sua MT é também crucial para os benefícios socioeconómicos, culturais e ambientais, bem como para sustentar os meios de subsistência das PMT, sendo acessível e económica. Para além de ajudar os meios de subsistência das PGT, a MT tem um impacto socioeconómico, cultural e ambiental positivo (Chebii *et al.*, 2020).

1.3 Propriedades medicinais

Para além de ser utilizada como biorremediador para remover nutrientes inorgânicos da água doce em sistemas de recirculação de aquacultura na Coreia, a planta é também utilizada como diurético, anti-helmíntico e antidiarreico na Colômbia. A espécie Hydrocotyle (família Apiaceae) desempenhou um papel significativo no desenvolvimento de Pai-Tsao-Tsa, uma bebida popular tradicional de Taiwan que remonta a tempos antigos. A medicina tradicional chinesa ou a medicina popular taiwanesa utilizada no fabrico de Pai-Tsao-Tsa é eficaz e tem benefícios positivos para a nossa saúde. A medicina tradicional de Taiwan emprega frequentemente as plantas inteiras da espécie Hydrocotyle para curar uma variedade de doenças, incluindo a constipação comum, amigdalite, cefalite, enterite, disenteria, zoster, dermatite, desconforto menstrual, hepatite e iterícia. *A H. leucocephala* tem propriedades imunossupressoras (Shyh-Shyun *et al.*, 2012).

1.4   Fito-constituintes

As substâncias derivadas de plantas conhecidas como fitoquímicos, que não são comestíveis, têm efeitos curativos ou preventivos de doenças. São nutrientes não essenciais, o que significa que o corpo de um indivíduo não precisa deles para manter a vida. Embora seja do conhecimento geral que as plantas criam estas substâncias para se defenderem, estudos actuais demonstraram que também podem proteger as pessoas de doenças. Já foram identificados mais de mil fitoquímicos. Devido à existência de várias substâncias bioactivas como flavonóides, alcalóides, terpenóides, taninos, compostos fenólicos, esteróides, resinas e outros metabolitos, pensou-se que as plantas tinham potencial medicinal. Estas substâncias tinham um impacto considerável sobre os parasitas e os agentes patogénicos e eram fisiologicamente activas. Numerosas plantas terapêuticas possuíam enormes quantidades de fitoquímicos em diferentes concentrações. As plantas medicinais convencionais eram utilizadas para curar as doenças provocadas pelo stress oxidativo, infecções bacterianas ou infecções virais. A investigação revelou que as plantas comuns, práticas e de preço razoável apresentam actividades antioxidantes e antibacterianas (Kiselova-Kaneva *et al.*, 2022). A atual indústria farmacêutica utilizou produtos químicos vegetais como componente principal para criar quase um quarto de todos os medicamentos. A fim de encontrar possibilidades de utilização terapêutica, as plantas medicinais foram analisadas em busca de compostos activos contra bactérias, cancro, feridas e outras doenças (Shafodino *et al.*, 2022).

1.4.1 Propriedades dos fitoquímicos:

* **Antioxidante** - A maioria dos fitoquímicos contém qualidades antioxidantes, prevenindo os danos oxidativos nas nossas células e diminuindo a probabilidade de contrair certos tipos de cancro. Os sulfuretos de alilo (cebolas, alho francês e alho), os carotenóides (frutos, cenouras), os flavonóides (frutos, legumes) e os polifenóis (chá, uvas) são fitoquímicos com ação antioxidante.
* **Ação hormonal** - As isoflavonas, que estão incluídas na soja, imitam os estrogénios humanos e ajudam a diminuir a osteoporose e os sintomas da menopausa.
* **Ativação de enzimas** - Os indóis, presentes nas couves, activam enzimas que diminuem a eficácia do estrogénio e podem reduzir o risco de cancro da mama. Os inibidores da protease (presentes na soja e no feijão) e os terpenos (presentes nas cerejas e nos citrinos) são mais dois fitoquímicos que podem perturbar a atividade enzimática.
* **Interrupção da replicação do ADN** - As saponinas do feijão impedem a proliferação das células cancerígenas ao interferirem com a replicação do ADN nas células. As sementes das pimentas contêm capsaicina, que protege o ADN contra os agentes cancerígenos.
* **Efeito antibacteriano** - O fitoquímico alicina do alho tem qualidades antimicrobianas (Kumar Bhandary *et al.*, 2012).

1.5 Nanociência e nanotecnologia

Um domínio de estudo interdisciplinar denominado nanotecnologia centra-se nas diversas caraterísticas das nanopartículas. Em comparação com as suas contrapartes a granel, as nanopartículas apresentam uma grande variedade de caraterísticas físico-químicas. Desde a década de 1980, a nanotecnologia tem atraído muita atenção. A sua popularidade aumentou significativamente desde o início dos anos 2000, devido à sua adaptabilidade, abordagem multidisciplinar e utilização de materiais à escala nanométrica. As nanopartículas com dimensões entre um e cem nanómetros apresentam caraterísticas novas e distintas. Devido à sua elevada energia de superfície, elevado teor de átomos de superfície, baixo nível de imperfeição e confinamento espacial, os materiais apresentam as suas caraterísticas distintivas. Devido às suas capacidades de dispersão de luz plasmónica de superfície (SPLS), ressonância plasmónica de superfície (SPR), dispersão de Rayleigh melhorada pela superfície (SERS) e dispersão Raman melhorada pela superfície (SERS), as nanopartículas apresentam vantagens distintas em relação aos materiais a granel (Mohanta *et al.*, 2020).

Uma das formas mais simples, práticas, económicas e ecológicas de reduzir a utilização de produtos químicos perigosos é através da síntese de nanopartículas metálicas utilizando extractos de plantas. Assim, nos últimos anos, foram publicados vários métodos ambientalmente benignos para a síntese rápida de nanopartículas de prata, utilizando extractos aquosos de partes de plantas, incluindo a folha, a casca, as raízes, etc. A produção de nanomateriais e nanopartículas (NPs) para utilização numa variedade de sectores, incluindo a catálise, a eletroquímica, a biomedicina, os produtos farmacêuticos, os sensores, a tecnologia alimentar, os cosméticos, etc., é o foco do campo emergente da nanotecnologia com 1-3 As nanopartículas (NPs) são partículas sólidas à escala atómica ou molecular de dimensão nanométrica (100 nm) que, dependendo da sua dimensão e forma, apresentam qualidades físicas superiores às moléculas a granel. Devido às suas qualidades excepcionais, incluindo uma elevada relação superfície/volume e uma boa dispersão em solução, as nanopartículas metálicas e de óxidos metálicos têm recebido a maior atenção científica e tecnológica entre todas as formas de NPs. As NPs modificadas ou sintetizadas são atualmente muito utilizadas em produtos industriais como os cosméticos, a eletrónica e os têxteis. Além disso, o rápido aumento do número de micróbios resistentes aos antibióticos atualmente disponíveis tornou necessário o desenvolvimento de novos medicamentos, quer sob a forma de NPs puras quer em combinação com antibióticos para exercer um efeito sinérgico benéfico. Isto levou à utilização generalizada de NPs em muitos domínios médicos. A fim de produzir imagens profundamente resolvidas para diagnóstico, as NPs estão a ser utilizadas na imagiologia molecular. Além disso, as NPs são impregnadas com agentes de contraste para o diagnóstico de aterosclerose e tumores. Além disso, desde o primeiro tratamento nanoterapêutico aprovado pela FDA em 1990, tem sido defendido em todo o mundo o desenvolvimento de vários medicamentos à base de nanopartículas. Devido à sua compatibilidade com o ambiente, estabilidade, adaptabilidade clínica, biocompatibilidade e eficácia em termos de custos, os microrganismos e o extrato aquoso de plantas foram utilizados para sintetizar nanopartículas (NPs) de metais e de óxidos metálicos no presente. Consequentemente, a disciplina da nanociência e da nanotecnologia registou o desenvolvimento de um ramo significativo sob a forma de tecnologia bio-inspirada para a síntese de NPs. Até à data, foram criadas numerosas nanopartículas (NPs) de metais e de óxidos metálicos utilizando extractos de plantas, microorganismos, etc. Para além das suas numerosas utilizações na síntese de NPs, a biomassa vegetal é também fortemente visada pelo nosso grupo e outros como catalisador para a síntese química e a geração de biodiesel devido à sua ampla disponibilidade, renovabilidade e carácter ambientalmente benigno (Vanlalveni *et al.*, 2021).

1.5.1 Tipos de nanopartículas

Em geral, existem dois tipos de nanopartículas: **orgânicas e inorgânicas**. As nanopartículas orgânicas incluem os fulerenos, que são nanopartículas de carbono, e as nanopartículas inorgânicas incluem as nanopartículas magnéticas, as nanopartículas de metais nobres (como o ouro e a prata) e as nanopartículas semicondutoras (como o óxido de titânio e o óxido de zinco). As nanopartículas inorgânicas, como as feitas de metais nobres ouro e prata, estão a ganhar popularidade porque oferecem excelentes caraterísticas materiais e diversidade funcional. As partículas inorgânicas têm sido investigadas como potenciais instrumentos para imagiologia médica e para o tratamento de doenças, devido ao seu tamanho, caraterísticas e vantagens em relação aos agentes farmacológicos e medicamentos existentes para imagiologia química. As nanopartículas inorgânicas são frequentemente utilizadas para a administração celular devido às suas inúmeras vantagens, incluindo a sua acessibilidade, funcionalidade, compatibilidade e capacidade de administrar medicamentos exatamente onde são necessários (Xu *et al.*, 2006).

* Nanopartículas de ouro
* Nanopartículas magnéticas
* Nanopartículas de óxido de zinco
* Nanopartículas de óxido de cálcio
* Nanopartículas de ferro
* Nanopartículas de titânio
* Nanopartículas de cobre
* Nanopartículas de prata

1.5.2 Síntese de nanopartículas

Normalmente, é utilizada uma variedade de processos químicos para criar nanopartículas e procedimentos físicos, que podem ser altamente dispendiosos e potencialmente perigosos para o ambiente, uma vez que contêm produtos químicos perigosos e venenosos que colocam uma série de preocupações biológicas. A evolução dos procedimentos experimentais para a síntese de nanopartículas que são motivados por sistemas biológicos é uma área crucial da nanotecnologia. De um modo geral, na síntese de nanopartículas, são utilizados dois métodos: a estratégia "de cima para baixo" ou uma abordagem "de baixo para cima" das nanopartículas "de baixo para cima". A principal reação que ocorre durante a biossíntese de nanopartículas é a redução/oxidação. Devido aos elevados custos dos métodos físicos e químicos, a biossíntese de nanopartículas tornou-se necessária. As técnicas de síntese química resultam frequentemente na presença de algumas substâncias nocivas que são absorvidas na superfície e podem ter efeitos negativos em aplicações médicas (Parashar *et al.*, 2009).

Quando se trata de nanopartículas biossintetizadas produzidas através de síntese verde, isto não é um problema. Por conseguinte, os investigadores recorreram a compostos botânicos (fitoquímicos) e a enzimas microbianas na sua busca de formas menos dispendiosas de sintetizar nanopartículas. Estas enzimas desempenham frequentemente um papel na redução de compostos metálicos para as respectivas nanopartículas através das suas capacidades antioxidantes ou de redução. A síntese natural é uma melhoria em relação aos processos químicos e físicos, uma vez que é económica, ambientalmente benigna, facilmente escalável para síntese em grande escala e não requer a utilização de substâncias tóxicas, pressão extrema, eletricidade ou calor (Begum *et al.*, 2009).

1.5.3 Métodos de síntese de nanopartículas

❖ **O método de condensação por evaporação** - Neste processo, o material básico é vaporizado e depois transformado em gás de transporte. Este método de síntese utiliza um forno com pressão atmosférica. A principal desvantagem desta tecnologia é a dependência das qualidades físicas do produto e a falha da estrutura da superfície.

❖ **Biossíntese de nanopartículas** - A produção de NPs envolve inúmeras técnicas físicas e químicas. A utilização de agentes redutores químicos - tanto suaves como fortes - bem como de agentes protectores - tais como álcoois, citrato de sódio e $NaBH_4$ (borohidrato de sódio) - é necessária quando se utilizam os procedimentos de síntese. Estas substâncias apresentam uma taxa de produção muito baixa, são venenosas e combustíveis, e não podem ser simplesmente eliminadas devido a preocupações ambientais. A biossíntese de NPs pode ser dividida em várias categorias, incluindo uma abordagem direta para a síntese, méritos, síntese de NPs mediada por fungos e síntese de NPs mediada por bactérias, leveduras e actinomicetos.

❖ **Método sol-gel**: Utilizando a técnica de síntese sol-gel, os alcóxidos metálicos e os seus precursores podem ser hidrolisados e condensados, resultando na dispersão de uma partícula de óxido em "Sol", que é subsequentemente seca ou gelificada através da remoção do solvente ou de uma reação química. O processo sol-gel utiliza normalmente água como solvente, sendo os precursores hidrolisados por um ácido ou uma base. A forma e o tamanho das NPs foram modificados pelas velocidades de reação, temperatura, tipo de precursor e pH.

❖ **Método de co-precipitação**: Através da co-precipitação de uma combinação estequiométrica de sais de Fe (II) e Fe (III) num meio aquoso básico de hidróxido de sódio (NaOH) ou hidróxido de amónio (NH_4 OH), é possível criar nanopartículas magnéticas dos óxidos de ferro magnetite (Fe O_{34}) ou maghemite (g-Fe O_{23}).

❖ **Microemulsão:** O trabalho pioneiro sobre microemulsão começou em 1943, mas só quando Hoar e Schulman popularizaram a ideia em 1959 é que ela realmente se tornou popular. Os autores afirmam que as microemulsões são sistemas transparentes que se formam espontaneamente quando o óleo e a água são combinados com quantidades relativamente elevadas de um tensioativo iónico que contém um álcool de cadeia média (C -C_{510}).

* **Decomposição térmica:** Este processo resulta em partículas monodispersas com uma distribuição de tamanho restrita. O principal inconveniente deste método é a sua solubilidade em líquidos não polares.
* **Combustão térmica**: Tem havido numerosas investigações sobre o papel catalítico do óxido férrico nanosizado na decomposição térmica do oxidante. A decomposição térmica do oxidante é um componente crucial do processo de combustão dos propulsores.

1.6 Nanopartículas de ferro

Entre todos os metais de transição, o ferro é considerado particularmente comum e abundante na crosta do planeta. Foram criados muitos tipos diferentes de nanopartículas de óxido de ferro utilizando a nanotecnologia. Conforme documentado anteriormente, o ferro pode exibir capacidades catalíticas, magnéticas e antibacterianas extremamente robustas à nanoescala (1-100nm). As mais pequenas partículas de ferro metálico conhecidas, as nanopartículas de ferro (FeNPs), são altamente reactivas e têm uma vasta área de superfície. Não são venenosas. As FeNPs são extremamente magnéticas, têm uma grande área de superfície, uma forte condutividade térmica e eléctrica e uma excelente estabilidade dimensional. Quando expostas à água ou ao ar, as FeNPs podem oxidar-se instantaneamente e libertar iões de Fe livres. Têm várias utilizações, mas uma das mais promissoras é a sua função na administração de medicamentos. Embora muitos metais tenham sido investigados para a síntese de nanopartículas, o ferro tem recebido menos atenção devido à sua natureza auto-degradante, apesar de possuir poderosas propriedades catalíticas, magnéticas e antibacterianas à escala nanométrica. Nos últimos 40 anos, foi criada uma variedade de nanopartículas de óxido de ferro, incluindo SPION (nanopartículas de ferro superparamagnéticas), nZVI (ferro nano-valente zero Fe0) e óxidos de ferro como a maghemite. Uma nanopartícula de ferro magnetite destaca-se entre as outras porque demonstrou ser biocompatível no mundo natural. Os catiões de ferro ocupam normalmente sítios intersticiais tetraédricos e octaédricos sob a forma de magnetite (Fe_3 O), que tem normalmente uma estrutura cúbica de espinélio invertido com oxigénio. Existem vários métodos tradicionais para a criação de FeNPs. As tecnologias tradicionais, como os processos químicos e físicos, fazem uma maior utilização de energia, bem como de compostos nocivos e dispendiosos. O método de síntese biológica demonstra ser compatível, menos dispendioso, menos demorado, estável e amigo do ambiente, de modo a reduzir a utilização de produtos químicos e energia. Os fungos, as bactérias, os vírus e as plantas funcionam como agentes redutores na síntese biológica. Devido à sua simplicidade de manuseamento, a técnica de síntese verde baseada em plantas destaca-se entre todas estas fontes (Batool *et al.*, 2021).

1.7 Aplicações

1.7.1 Imunologia

A base da nanotecnologia é a utilização das qualidades especiais de elementos que funcionam como um grupo dentro da gama geral de tamanhos de 1 a 1 000 nanómetros, ou à mesma escala de muitas estruturas biológicas como antigénios, receptores, componentes subcelulares do sistema imunitário e microrganismos. Para a criação de moduladores da resposta imunitária e vacinas, a engenharia de compostos à escala nanométrica através da alteração de caraterísticas como o tamanho, a forma, a carga, a porosidade, a área de superfície e a hidrofobicidade das nanopartículas oferece um potencial considerável. A potenciação da imunidade inata ou a melhoria da administração de antigénios são duas formas de as nanopartículas poderem estimular a resposta imunitária. Enquanto os nanogéis e os lipossomas catiónicos são exemplos de transportadores de vacinas, as partículas semelhantes a vírus desencadeiam a resposta imunitária inata activando receptores do tipo Toll e apresentando antigénios repetidamente. A imunossupressão direta ou a adição de imunossupressores podem ser utilizadas para suprimir a resposta imunitária. Tal como os dendrímeros, os polímeros e os lipossomas, os fulerenos têm um efeito imunossupressor direto, mas também podem transportar medicamentos imunossupressores. Os adjuvantes, que são substâncias químicas que melhoram o número e a qualidade das respostas imunitárias celulares e humorais produzidas contra os antigénios da vacina, são frequentemente incluídos nas vacinas inactivadas. Ao melhorar a capacidade do sistema imunitário para receber antigénios ou ao amplificar as reacções imunológicas inatas, as nanopartículas têm uma função adjuvante (Smith *et al.*, 2013).

1.7.2 Imunoterapia contra o cancro

Os recentes avanços na nanotecnologia e na bioengenharia proporcionam novas estratégias que podem aumentar significativamente a segurança e a eficácia da imunoterapia contra o cancro. Com a ajuda de ferramentas e princípios das ciências físicas, os métodos de engenharia podem melhorar o desenvolvimento e a administração de terapêuticas, bem como o diagnóstico para monitorizar biomarcadores. É possível direcionar o efeito de cargas úteis potentes para tipos de células e locais anatómicos específicos utilizando biomateriais e sistemas de administração de medicamentos conexos (Soetaert *et al.*, 2020).

1.7.3 Investigação biológica

Descobrindo biomoléculas em ensaios de ADN, imunoensaios e bioimagem celular, as nanopartículas são frequentemente utilizadas como sinalizadores para encontrar biomoléculas. Tipicamente, são derivadas com vários grupos funcionais para criar nanossondas, tais como sondas de oligonucleótidos direcionadas para ácidos nucleicos, anticorpos e proteínas. Em alternativa, as nanopartículas podem ser utilizadas na hibridação in situ por fluorescência (FISH) como fluoróforos. A deteção do cromossoma Y humano por QDs acoplados a uma sonda de oligonucleótidos específica ou à imunoglobulina G (IgG) revelou-se eficaz (Smith *et al.*, 2013).

1.8 Caracterização de nanopartículas

A forma e o tamanho são dois dos principais factores investigados na caraterização das NPs. Além disso, podemos determinar a distribuição do tamanho, o nível de agregação, a distribuição da carga na área da superfície e, até certo ponto, a topografia da química. A caraterização das nanopartículas baseia-se no tamanho, na morfologia e na carga superficial, utilizando técnicas microscópicas avançadas como a microscopia eletrónica de varrimento (SEM), a difração de raios X (XRD), a espetroscopia UV-Vis e a espetroscopia de infravermelhos com transformada de Fourier (FTIR). Propriedades como a distribuição do tamanho, o diâmetro médio das partículas e a carga afectam a estabilidade física e a distribuição *in vivo* das nanopartículas. Propriedades como a morfologia da superfície, o tamanho e a forma geral são determinadas por técnicas de microscopia eletrónica. Caraterísticas como a estabilidade física e a redispersibilidade da dispersão de polímeros, bem como o seu desempenho *in vivo*, são afectadas pela carga superficial das nanopartículas. São mencionadas diferentes ferramentas e métodos de caraterização das nanopartículas. Por conseguinte, é muito importante avaliar a carga superficial durante a caraterização das nanopartículas (Mourdikoudis *et al.*, 2018).

1.9 Administração de medicamentos

A técnica de administração de ingredientes farmacêuticos com o objetivo de obter propriedades medicinais em pessoas ou animais é conhecida como drug delivery. Nestes casos particulares, os medicamentos que são fornecidos são transportados juntamente com outras moléculas que servem uma variedade de funções. As principais funções destas moléculas são localizar o tecido ou os locais que necessitam de tratamento e facilitar a absorção do medicamento por essas zonas. A contribuição das nanopartículas para a administração de medicamentos é acidental. A capacidade de estabelecer interações com todos os tipos de biomoléculas é proporcionada pela vasta reação da superfície das nanopartículas, mas as nanopartículas não tratam diretamente o cancro ou qualquer outra doença. Os componentes primários incluem diversas coberturas biodegradáveis, diferentes tipos de ligandos, antigénios e estruturas adicionais, bem como medicamentos especificamente concebidos para tratar esse tipo particular de malignidade (Smith *et al.*, 2013).

1.10 Propriedade anticancerígena

Foram criados numerosos produtos que melhoraram o tratamento do cancro em resultado de uma importante investigação de desenvolvimento, bem como de investimentos em nanomedicina maligna. No entanto, devido ao número insuficiente de medicamentos autorizados e aos seus resultados clínicos subparciais, existe a sensação de que a nanomedicina contra o cancro **"não correspondeu às suas expectativas".** O extenso historial médico e os vários produtos terapêuticos fabricados a partir de nanopartículas de óxido de ferro são frequentemente ignorados nestas avaliações. Cerca de nove décadas de utilização clínica de nanopartículas de óxido de ferro demonstraram a sua segurança, utilidade terapêutica significativa e adaptabilidade. As aplicações das nanopartículas de óxido de ferro que receberam a aprovação da FDA incluem o tratamento da anemia por deficiência de ferro, a terapia de hipertermia do cancro e o diagnóstico do cancro. Esta riqueza de conhecimentos clínicos é vital para a nanomedicina do cancro porque pode ensinar lições importantes e apontar perigos potenciais ao desenvolver tratamentos do cancro baseados na nanotecnologia (Soetaert *et al.*, 2020).

FINALIDADE E OBJECTIVOS

O objetivo e os objectivos do presente estudo são,

- ➢ Para selecionar os fitoquímicos em extractos de folhas de *Hydrocotyle leucocephala.*
- ➢ Sintetizar nanopartículas de ferro a partir dos extractos de folhas de *Hydrocotyle leucocephala.*
- ➢ Caracterizar as nanopartículas de ferro sintetizadas por espetroscopia UV-Visível (UV-VIS), microscopia eletrónica de varrimento (SEM), espetroscopia de infravermelhos com transformada de Fourier (FT-IR) e difração de raios X (XRD).
- ➢ Analisar a atividade antimicrobiana das nanopartículas de ferro sintetizadas a partir dos extractos das folhas de *Hydrocotyle leucocephala.*
- ➢ Avaliar a atividade anticancerígena das nanopartículas de ferro sintetizadas a partir dos extractos das folhas de *Hydrocotyle leucocephala.*

2. REVISÃO DA LITERATURA

Os medicamentos essenciais e os produtos à base de plantas para cuidados de saúde e tratamento de doenças podem ser obtidos a partir de plantas medicinais. A biossíntese de produtos naturais é uma alternativa muito promissora à síntese e extração químicas para a conservação eficaz das plantas medicinais, e o seu rápido desenvolvimento facilitará substancialmente a conservação e a utilização sustentável das plantas medicinais. Aqui, resumimos os desenvolvimentos em técnicas e estratégias para a biossíntese e criação de produtos vegetais terapêuticos naturais (Guo *et al.*, 2023).

Estudos revelaram que as medicinas tradicionais fornecem óleos essenciais e outros extractos de plantas que provocam o interesse como fontes de produtos naturais pela sua potencialidade como remédio alternativo para várias doenças infecciosas (Hindumathy *et al.*, 2011). As substâncias derivadas das plantas continuam a ser a base de uma grande proporção dos medicamentos comerciais utilizados atualmente para o tratamento de doenças cardíacas, tensão arterial elevada, dor, asma e outros problemas (Okwu *et al.*, 2006).

Chebii *et al.* (2020) referiram que as estruturas organizacionais actuais de governação são frequentemente alvo de muita atenção, mas as práticas de governação antigas, que na sua maioria ainda não estão documentadas, recebem pouca ou nenhuma atenção. O objetivo do estudo era identificar práticas de governação históricas e contemporâneas significativas que controlam a indústria da medicina tradicional.

Devi *et al.* (2016) investigaram se os extractos de etanol e água de quatro espécies de Hydrocotyle de Taiwan tinham potenciais propriedades antioxidantes e antiproliferativas. Foram utilizados a inibição do crescimento de células cancerígenas, o teor total de polifenóis, o teor total de flavonóides, o teor total de flavonóis, o método FRAP, a eliminação do radical DPPH, a eliminação da monocação do radical ABTS e outros procedimentos. De acordo com os resultados, os extractos de etanol apresentaram actividades antioxidantes e antiproliferativas inferiores às dos extractos de água de todas as amostras. Em todos os extractos estudados, a atividade antioxidante foi inferior à dos controlos positivos (BHT e GSH). Descobriram também que os extractos aquosos de todas as amostras incluíam mais substâncias químicas polifenólicas do que os extractos de etanol, mas menos compostos flavonóides

De acordo com Parashar *et al.* (2009), a síntese de nanopartículas de prata utilizando extrato de folhas de Parthenium. A análise destas partículas por microscopia eletrónica de transmissão mostra que têm uma dimensão aproximada de 50 nm e estão dispostas de forma muito irregular com uma morfologia variável. O resultado mais necessário deste trabalho será o desenvolvimento de produtos de valor acrescentado a partir de Parthenium para as indústrias biomédicas e de base nanotecnológica.

São numerosos os produtos que melhoraram os cuidados oncológicos e que resultaram de um investimento significativo na investigação pré-clínica e na nanomedicina oncológica. No entanto, devido ao pequeno número de medicamentos autorizados e aos seus resultados clínicos pouco satisfatórios, existe a sensação de que a nanomedicina oncológica "não cumpriu a sua promessa". A extensa história clínica e os vários produtos terapêuticos fabricados a partir de nanopartículas de óxido de ferro são frequentemente ignorados nestas avaliações. Cerca de nove décadas de utilização clínica de nanopartículas de óxido de ferro demonstraram a sua segurança, utilidade terapêutica significativa e adaptabilidade. As aplicações das nanopartículas de óxido de ferro que receberam a aprovação da FDA incluem o tratamento da anemia por deficiência de ferro, a terapia de hipertermia do cancro e o diagnóstico do cancro. Esta riqueza de conhecimentos clínicos é inestimável para a nanomedicina oncológica, pois pode ensinar lições importantes e apontar potenciais perigos no desenvolvimento de tratamentos oncológicos baseados na nanotecnologia. Examinamos os resultados clínicos da terapia com nanopartículas de óxido de ferro para a anemia por deficiência de ferro (AID) e a administração sistémica de medicamentos lipossomais. Observamos que a eficácia terapêutica do ferro injetável tira partido da interação natural (Soetaert *et al.*, 2020).

Devi *et al.*, (2016) examinaram Ag e Au NP's que, de acordo com o exame TEM, eram principalmente esféricas com tamanhos médios de 21 e 8 nm, respetivamente. A partir do FT-IR, os flavonóides e os glicosídeos do extrato de *Hydrocotyle asiatica* foram responsáveis pela redução e pelo capeamento. As estirpes clínicas de bactérias gram-negativas e gram-positivas foram eficazmente inibidas por AgNP's em investigações antibacterianas em bactérias. O verde de malaquite e o azul de metileno eram corantes catiónicos que foram degradados por foto-driven usando a ressonância plasmónica de superfície localizada de AgNPs. A fim de produzir AgNPs em grandes quantidades, seguiu-se este método amigo do ambiente e as nanopartículas assim preparadas podem ser utilizadas para a remoção de corantes de efluentes.

Foi investigada a produção fitoquímica de nanopartículas de ferro e cobre utilizando o extrato de folhas de *Hydrocotyle ranunculoides* como agente de cobertura e estabilização. A abordagem de fitossíntese é fácil, rápida, económica, repetível e benéfica para o ambiente. As análises UV-Vis e HR-SEM-EDS são utilizadas para confirmar a produção de nanoplacas triangulares truncadas. Utilizando a microscopia eletrónica de varrimento de alta resolução, foram examinadas a morfologia e as dimensões das amostras produzidas. Finalmente, as fotos corroboraram as nanoplacas e uma investigação EDS confirmou sua composição (Wu *et al.*, 2019).

De acordo com Kumari *et al.* (2016), foram utilizados extractos aquosos de folhas da planta medicinal amplamente disponível *Hydrocotyle rotundifolia*, nanopartículas de prata coloidal (AgNPs) para uma técnica biossintética verde. A eficácia antibacteriana das AgNPs produzidas foi avaliada contra *E. coli*. O valor MIC que foi registado como 5gm/L inibiu significativamente o crescimento numa placa de ágar. Para a síntese em larga escala de nanopartículas de prata para utilização nos sectores farmacêutico, alimentar, têxtil e cosmético, esta tecnologia barata e amiga do ambiente pode ser uma excelente escolha. A espetroscopia UV-Vis, a microscopia eletrónica de transmissão (TEM), o raio-X de dispersão de energia (EDX), a difração eletrónica de área selecionada (SAED) e a espetroscopia de infravermelhos com transformada de Fourier (FTIR) foram utilizadas para avaliar as AgNPs produzidas. As biomoléculas do extrato de folhas de *Hydrocotyle rotundifolia* podem ser responsáveis pela diminuição da quantidade de iões de prata e pelo aumento da estabilidade das nanopartículas, de acordo com as análises FTIR. Os nanocolóides produzidos foram estáveis e até três meses de incubação à temperatura ambiente não se observou qualquer precipitação. A eficácia antibacteriana das AgNPs produzidas foi avaliada contra *E. coli* (DH5). O valor MIC que foi registado como 5g/mL inibiu significativamente o crescimento numa placa de ágar. Para a síntese em larga escala de nanopartículas de prata para utilização nos sectores farmacêutico, alimentar, têxtil e cosmético, esta tecnologia barata e amiga do ambiente pode ser uma excelente escolha.

Angelova *et al.* (2015) relataram os efeitos do extrato integral e da fração de saponina do *Tribulus terrestre* L. da Bulgária em linhas celulares de cancro da mama humano (MCF7) e normais (MCF10A) em termos de viabilidade celular e atividade apoptótica. O ensaio de viabilidade das células T foi utilizado para determinar o efeito antitumoral, o ensaio de fragmentação do ADN, a microscopia de fluorescência e a análise das alterações morfológicas das células foram utilizados para avaliar o potencial apoptótico. Os resultados demonstraram que o extrato completo da erva inibe significativamente a viabilidade das células MCF7 de uma forma dependente da dose (a concentração inibitória máxima é de 15g/mL). A viabilidade das células MCF10A foi ligeiramente reduzida sem qualquer efeito dose-dependente óbvio. Quando comparada com o extrato completo, a fração de saponina tem um efeito inibidor mais forte nas células do cancro da mama. A fragmentação do ADN e as alterações morfológicas foram observadas, uma vez que o presente trabalho pretende examinar o impacto dos marcadores búlgaros para a apoptose precoce e tardia, principalmente em células tumorais, na viabilidade celular e na atividade apoptótica do extrato completo e da fração de saponina após o tratamento. Com o prolongamento do tratamento, os processos apoptóticos tornaram-se mais intensos. Os resultados obtidos são os primeiros a demonstrar a eficácia anticancerígena específica *do Tribulus terrestre* L. búlgaro em células cancerígenas humanas *in vitro*. As vias anticancerígenas induzidas pela erva incluem processos apoptóticos. As descobertas fornecem diretrizes para investigação futura sobre uma avaliação exaustiva do seu potencial farmacológico.

De acordo com estudos anteriores, a planta *Annona muricata* Linn, um membro da família Annonaceae, oferece uma série de vantagens medicinais. Não é de admirar que muitas civilizações a tenham utilizado para curar uma série de doenças, desde o cancro ao reumatismo, passando pelas dores de cabeça e insónias e enxaquecas. A eficácia terapêutica da *Annona muricata* Linn contra o cancro da mama pode variar dependendo da localização da sua cultura (em termos da geração dos seus compostos bioactivos). Estes efeitos do extrato bruto de *Annona muricata* (AMCE) em linhas celulares de cancro da mama foram avaliados neste estudo.

A planta medicinal *Hemsleya amabilis*, que é utilizada há muito tempo para curar o cancro e muitas outras doenças, é a fonte do extrato de *Hemsleya amabilis*. Não se sabe ao certo qual é o mecanismo subjacente. Extrato de *Hemsleya amabilis* para tratar vários tipos de células cancerosas, incluindo células U87 de astrocitoma humano, células de cancro da mama MDA-MB-231 e células Jurkat, a fim de estudar as actividades anticancerígenas desta planta. Em diferentes concentrações, esta substância reduziu consideravelmente a proliferação e a formação de colónias de células tumorais. A propagação celular foi significativamente reduzida quando as células de astrocitoma foram semeadas na presença do extrato de *Hemsleya amabilis*, mesmo em concentrações extremamente baixas. Com diferentes graus de sensibilidade, o extrato de *Hemsleya amabilis* provocou a morte das células tumorais em todas as linhas celulares examinadas. O extrato de *Hemsleya amabilis* causou apoptose em células de astrocitoma, como demonstrado por testes de apoptose (Wu *et al.*, 2019).

O cancro da mama é responsável por 23% de todos os casos de cancro feminino e é a segunda neoplasia maligna mais prevalente nas mulheres. Atualmente, mais de 60% dos medicamentos quimioterapêuticos são derivados de plantas ou de produtos vegetais que podem ser utilizados para fabricar medicamentos anticancerígenos. A *bérberis* indiana *Berberis aristata* é utilizada há muito tempo no tratamento do cancro, de úlceras, de doenças da pele e de inflamações. O extrato metanólico dos caules de B. aristata foi utilizado na presente investigação para examinar o seu potencial anticancerígeno na linha celular de cancro da mama humano (MCF-7). O efeito citotóxico de várias doses dos extractos metanólicos (125, 250 e 500g/ml) foi avaliado através da avaliação do valor dos extractos metanólicos detectados foi de 220g. Utilizando uma experiência em ágar mole com 500 g/ml de extractos metanólicos, descobriu-se ainda que a formação de colónias diminuiu significativamente (80%: $p<0,001$) nas células MCF-7. No entanto, um ensaio de raspagem *in vitro* mostrou que 250 g de extractos inibiram significativamente ($p<0,001$) a migração celular até 50%. Além disso, uma experiência de vida/morte mostrou um aumento considerável (68%) da apoptose nas células MCF-7 após 500 g de extractos. A atividade de crescimento celular em linhas celulares de cancro da mama MCF-7 até 48 h de incubação. O valor IC_{50} para os extractos metanólicos detectados foi de 220 g. Ao utilizar uma experiência de ágar mole com 500g/ml de extratos metanólicos, descobriu-se ainda que a formação de colónias diminuiu significativamente (80%: p<0,001) nas células MCF-7 (Sridharan *et al.*, 2019).

A utilização de conservantes químicos, que tem inconvenientes como os riscos para a saúde humana decorrentes da aplicação de produtos químicos, os resíduos químicos nas cadeias alimentares humana e animal e o desenvolvimento de resistência microbiana aos produtos químicos utilizados, é normalmente conseguida através da prevenção da deterioração dos alimentos e dos agentes patogénicos da intoxicação alimentar. Encontrar conservantes alternativos potencialmente eficazes, saudáveis, mais seguros e naturais está a tornar-se cada vez mais importante devido a estas preocupações. Os extractos de plantas têm sido mencionados nesta literatura como uma forma de preservar os alimentos e prevenir doenças de origem alimentar. A atividade antimicrobiana de cinco extractos de plantas foi examinada utilizando a técnica de difusão em disco de ágar contra *Bacillus cereus*, *Staphylococcus aureus*, *Escherichia coli*, *Pseudomonas aeruginosa* e *Salmonella typhi*. Os extractos etanólicos de *Punica granatum*, *Syzygium aromaticum*, *Zingiber officinales* e *Thymus vulgaris* tiveram uma eficácia variável contra as estirpes bacterianas estudadas, mas revelaram potencial. O extrato de *Cuminum cyminum* só foi eficaz contra S. aureus enquanto estirpes a uma concentração de 10mg/ml. Os extractos de plantas mais eficazes contra as estirpes altamente susceptíveis de bactérias patogénicas de origem alimentar (*S. aureus* e *P. aeruginosa*) tinham CIMs entre 2,5 e 5,0 mg/mL e MBCs entre 5,0 e 10mg/mL, com a exceção de *P. aeruginosa* que era menos sensível e cujo MBC atingiu 12,5mg/ml de *S. aromaticum* respetivamente. Estes extractos de plantas, que se revelaram promissores como medidas preventivas contra as intoxicações alimentares, podem ser utilizados para conservar os alimentos sem os riscos para a saúde associados às aplicações de agentes antimicrobianos químicos. O Ankaferd Blood Stopper® (ABS) foi testado em 102 isolados clínicos de bactérias Gram-positivas e negativas, bem como em quatro estirpes de referência: MRSA ATCC 43300, MSSA ATCC 25923, *P. aeruginosa* ATCC 27853 e E. coli ATCC 35218. Todas as bactérias em investigação foram significativamente susceptíveis ao ABS (Demissie *et al.*, 2020).

As fracções da casca do caule de *Tridesmostemon omphalocarpoides* e o extrato metanólico foram estudados quanto à sua composição fitoquímica e actividades antibacterianas *in vitro*. De acordo com as zonas de inibição (ZI), a concentração inibitória mínima (CIM) e a concentração microbicida mínima (CMM) pelo método de macrodiluição, a atividade antimicrobiana do extrato e das fracções foi avaliada contra duas espécies de Candida e sete bactérias aeróbias. Os resultados mostraram que o extrato metanólico e as fracções tinham um forte impacto anticandidal e antibacteriano contra os nove microrganismos testados. A investigação fitoquímica preliminar do extrato metanólico revelou a presença de substâncias biologicamente activas, tais como alcalóides, esteróides, taninos, saponinas, fenóis, polifenóis e flavonóides. Também foi investigada a toxicidade aguda do extrato metanólico. Quando os ratos Wistar de raça pura foram expostos ao extrato, descobriu-se que este não era tóxico. Os resultados desta investigação indicaram que várias doenças infecciosas podem ser tratadas com sucesso utilizando a casca do caule desta planta (Kuete *et al.*, 2006).

3.   MATERIAIS E MÉTODOS

Classificação científica

Reino : Plantae

Classe : Magnoliopsida

Ordem: Apiales

Família : Apiaceae

Género : *Hydrocotyle*

Espécie : *leucocephala*

Recolha de amostras

As folhas frescas de *Hydrocotyle leucocephala* foram colhidas na Foundation for Revitalisation of Local Health Traditions, Yelahanka, Bengaluru, Karnataka, com Latitude 13.1234^0 N e Longitude 77.5483^0 E e a planta foi autenticada pelo Botanical Survey of India, Bengaluru, Karnataka. Foi depositado um exemplar no herbário para referência futura.

Figura 1: Folhas frescas de *Hydrocotyle leucocephala*

Preparação do extrato da planta:- O extrato da planta

As folhas frescas de *Hydrocotyle leucocephala* foram lavadas várias vezes com água, o que permitiu remover as partículas de pó, e o material vegetal foi depois colocado a secar à luz do sol (secagem à sombra) durante sete dias. Todas as flores secas das plantas foram moídas com um moinho, após o processo de moagem das flores, o pó passou por uma peneira para obter partículas muito finas de tamanho uniforme. Este processo foi utilizado para fazer extractos aquosos de folhas. O material em pó pesava 10g e foi misturado com 100 ml de água destilada num copo. Depois de ter sido aquecido durante 20 minutos a 60°C com agitação intermitente, a mistura foi deixada arrefecer à temperatura ambiente. Depois de centrifugar a mistura a 81 g durante 20 minutos, a mistura foi filtrada com papel de filtro Whatman 42 e o extrato foi armazenado no frigorífico para utilização futura (Liaqat *et al.*, 2022).

Rastreio fitoquímico preliminar

Os extractos foram submetidos a testes fitoquímicos preliminares para detetar a presença de diferentes constituintes fitoquímicos. O extrato da planta foi analisado qualitativamente para detetar a presença de alcalóides, hidratos de carbono, taninos, flavonóides, saponinas, terpenóides e esteróis, utilizando o método padrão indicado por (Harborne, 1998).

Os fitoquímicos são compostos químicos formados durante os processos metabólicos normais das plantas. O rastreio fitoquímico foi realizado para identificar vários componentes bioactivos presentes na planta. O extrato foi submetido a um rastreio fitoquímico para detetar a presença ou ausência de vários fitoconstituintes como saponinas, taninos, flavonóides, esteróides, alcalóides, fenóis, terpenóides e glicosídeos, utilizando o procedimento padrão descrito por Trease e Evans (1989).

Teste de taninos

A 0,5 mL da solução de extrato, adicionou-se 1 mL de água destilada e 1-2 gotas de solução de cloreto férrico e observou-se a coloração verde acastanhada ou preta azulada.

Teste para terpenóides

5 mL de extrato foram misturados com 2 mL de clorofórmio num tubo de ensaio. Adicionaram-se cuidadosamente 3 mL de ácido sulfúrico concentrado à mistura para formar uma camada. Foi formada uma interface com uma coloração castanho-avermelhada para a presença de terpenóides.

Teste para saponinas

5 mL de extrato foram agitados vigorosamente para obter uma espuma estável e persistente. A espuma foi então misturada com 3 gotas de azeite e observou-se a formação de uma emulsão, o que indicou a presença de saponina.

Pesquisa de flavonóides

Foram adicionadas algumas gotas de solução de amoníaco a 1% ao extrato num tubo de ensaio. Foi observada uma coloração amarela para a presença de flavonóides.

Pesquisa de glicosídeos cardíacos

Colocou-se 1 mL de ácido sulfúrico concentrado num tubo de ensaio. Misturaram-se 5 ml de extrato com 2 ml de ácido acético glacial contendo 1 gota de cloreto férrico. A mistura acima referida foi cuidadosamente adicionada a 1 ml de ácido sulfúrico concentrado. A presença de glicosídeos cardíacos foi detectada pela formação de um anel castanho.

Pesquisa de alcalóides

1 mL de ácido clorídrico a 1% foi adicionado a 3 mL de extrato num tubo de ensaio e foi tratado com algumas gotas do reagente de Meyer. Um precipitado branco cremoso indicou a presença de alcalóides.

Teste para fenóis

O extrato bruto foi misturado com 2 mL de solução de cloreto férrico a 2%. Uma coloração azul-esverdeada ou preta indicou a presença de fenóis.

Teste de açúcares

O extrato bruto foi misturado com 2 ml de reagente de Molisch e a mistura foi devidamente agitada. De seguida, verteu-se cuidadosamente 2 ml de ácido sulfúrico concentrado na parte lateral do tubo de ensaio. O aparecimento de um anel violeta na interfase indica a presença de hidratos de carbono.

Teste para esteróides

Teste para esteróides O extrato bruto foi misturado com 2 mL de clorofórmio e foi adicionado ácido sulfúrico concentrado lateralmente. Uma cor vermelha produzida na camada inferior de clorofórmio indicou a presença de esteróides.

Teste de proteínas

O extrato bruto foi fervido com 2 ml de solução de Ninidrina a 0,2%, tendo surgido uma cor violeta que sugere a presença de proteínas.

Biossíntese de nanopartículas:-

O extrato de folhas de *Hydrocotyle leucocephala* e o cloreto férrico 0,01M foram dissolvidos em 100 mL de água bidestilada antes de serem combinados com 10 mL de extrato aquoso de plantas, sendo continuamente agitados a uma velocidade de 8000 rpm durante 24 horas. O pH foi mantido neutro e a temperatura foi mantida a 27-35° C. A centrifugação a 8.000 rpm foi utilizada para separar as nanopartículas de ferro sintetizadas. As nanopartículas de ferro que foram separadas foram liofilizadas e as nanopartículas de ferro secas foram utilizadas para caraterização adicional

10 mL of aqueous plant extract 100 mL of 0.01 M ferric chloride solution

Pale yellow color to dark reddish-brown color

Centrifuge (8000rpm) for 10 mins

Nanoparticles (FeNPs)

Atividade antimicrobiana da nanopartícula de ferro sintetizada a partir das folhas de *Hydrocotyle leucocephala*

A atividade antibacteriana das FeNPs sintetizadas também foi analisada utilizando a técnica de difusão em poços. As placas de ágar foram preparadas deitando 15 mL de meio de ágar nutriente fundido em placas de Petri estéreis (diâmetro, 90 mm). As placas foram deixadas solidificar e 0,1 mL de suspensão de inóculos foi espalhada uniformemente com algodão estéril e deixada em repouso por 15 min. em seguida, carregado com 5µl, 10µl e 15µl de FeNPs, respetivamente. O controlo negativo foi testado com água estéril contra as bactérias. Controlo positivo como um antibiótico (cloranfenicol). As placas foram incubadas a 37°C por 24 h e, no final da incubação, a zona de inibição formada em torno de cada poço foi estudada (Kumari *et al.*, 2016).

Caracterização de nanopartículas de ferro sintetizadas a partir de folhas *de Hydrocotyle leucocephala*

As caracterizações das nanopartículas de ferro sintetizadas a partir de extractos de folhas de *Hydrocotyle leucocephala* foram feitas para compreender o comprimento de onda caraterístico, para reconhecer os grupos funcionais ou biomoléculas ligadas à prata e o tamanho e estrutura das nanopartículas. Para tal, utilizou-se a espetroscopia de ultravioleta visível (UV-Vis), a espetroscopia de infravermelhos com transformada de Fourier (FTIR) e o microscópio eletrónico de varrimento (SEM).

❖ Análise espectroscópica UV-Vis

As nanopartículas metálicas dispersam a luz ótica devido à ressonância colectiva dos electrões de condução no metal, conhecida como ressonância de Plasmon de superfície (SPR). Este pico SPR é mostrado nos espectros de absorção UV por estas nanopartículas. A magnitude do pico, o comprimento de onda e a largura de banda espetral associados às nanopartículas dependem do tamanho, da forma e da composição do material (Joshi *et al.*, 2008).

❖ Espectroscopia de infravermelhos com transformada de Fourier (FTIR)

A espetroscopia de infravermelhos com transformada de Fourier fornece dados sobre as proteínas e outros compostos presentes na mistura que interagem com os iões metálicos. A identificação dos grupos funcionais permite determinar o agente redutor e o agente de capeamento responsáveis pela síntese e estabilidade das nanopartículas (Jeevan *et al.*, 2012).

❖ Microscopia eletrónica de varrimento (SEM)

O microscópio eletrónico de varrimento capta imagens da superfície da amostra, varrendo-a com um feixe de electrões de alta energia. Quando o feixe de electrões atinge a superfície da amostra e interage com os átomos da amostra, são gerados sinais sob a forma de electrões secundários, electrões retrodispersos e raios X caraterísticos que contêm informações sobre a topografia da superfície das amostras. A técnica baseada na microscopia eletrónica determina o tamanho, a forma e a morfologia da superfície com visualização direta das nanopartículas. Durante o processo de caraterização SEM, a solução de nanopartículas deve ser inicialmente convertida num pó seco. Este pó seco é depois montado num suporte de amostras, seguido de um revestimento com um metal condutor, utilizando um revestimento por pulverização catódica. A amostra inteira é então analisada por varrimento com um feixe fino de electrões (Jores *et al.*, 2014).

❖ Difração de raios X (XRD)

Os dados de difração de raios X fornecem informações sobre a cristalinidade, o tamanho dos cristalitos, a orientação dos cristalitos e a composição das fases e ajudam na modelação molecular para determinar a estrutura do material (Joshi *et al.*, 2008).

Ensaio MTT

Princípio:

A redução dos sais de tetrazólio é agora amplamente aceite como uma forma fiável de examinar a proliferação celular. O tetrazólio amarelo MTT (brometo de 3-(4, 5-dimetiltiazolil-2)-2, 5-difeniltetrazólio) é reduzido por células metabolicamente activas, em parte pela ação de enzimas desidrogenase, para gerar equivalentes redutores como o NADH e o NADPH. O formazan púrpura intracelular resultante pode ser solubilizado e quantificado por meios espectrofotométricos. O ensaio mede a taxa de proliferação celular e, inversamente, quando os fenómenos metabólicos conduzem a apoptose ou necrose, a redução da viabilidade celular.

***Procedimento:**

1. As células foram tripsinizadas e aspiradas para um tubo de centrifugação de 15 mL. O pellet de células foi obtido por centrifugação a 300 x g. A contagem de células foi ajustada, utilizando meio DMEM, de modo a que 200 μL de suspensão contivessem aproximadamente 10 000 células.

2. A cada poço da placa de microtítulo de 96 poços, foram adicionados 200 μL da suspensão de células e a placa foi incubada a 37°C e 5% de atmosfera de CO_2 durante 24 h.

3. Após 24 h, o meio gasto foi aspirado. Foram adicionados 200 μL de diferentes concentrações de fármacos de teste (20, 40, 60, 80 e 100 μg/mL do stock) aos respectivos poços. A placa foi então incubada a 37°C e 5% de atmosfera de CO_2 durante 24 h.

4. A placa foi retirada da incubadora e o meio contendo o fármaco foi aspirado. Foram então adicionados a cada poço 100 μL de meio contendo 10% de reagente MTT para obter uma concentração final de 0,5 mg/ml e a placa foi incubada a 37°C e 5% de atmosfera de CO_2 durante 3h.

5. O meio de cultura foi completamente removido sem perturbar os cristais formados. Em seguida, foram adicionados 100 μL de solução de solubilização (DMSO) e a placa foi agitada suavemente num agitador rotativo para solubilizar o formazan formado.

6. A absorvância foi medida utilizando um leitor de microplacas a um comprimento de onda de 570 nm e também a 630 nm. A percentagem de inibição do crescimento foi calculada, após subtração do fundo e do branco, e a concentração do medicamento em estudo necessária para inibir o crescimento celular em 50% (IC_{50}) foi gerada a partir da curva dose-resposta para a linha celular.

$$\text{Cell viability} = \frac{\text{O.D of sample} - \text{O.D of blank}}{\text{O.D of control} - \text{O.D of blank}} \times 100$$

4.   RESULTADOS E DEBATES

Rastreio fitoquímico

As folhas de *Hydrocotyle leucocephala* foram utilizadas para fazer um rastreio preliminar dos constituintes fitoquímicos e para avaliar o seu provável papel como agente antibacteriano devido à resistência desenvolvida contra *as* formulações antibióticas comercializadas. As investigações fitoquímicas preliminares foram qualitativas e observou-se que os extractos continham alcalóides, saponinas, terpenóides, fenóis, taninos, flavonóides, hidratos de carbono, cardioglicosídeos, proteínas e aminoácidos.

Quadro 1: Rastreio fitoquímico das folhas de *Hydrocotyle leucocephala*

Fitoquímicos	Extractos	
	Controlo	Metanol
Alcalóides	+	+
Flavonóides	+	+
Hidratos de carbono	–	–
Taninos e fenóis	+	+
Esteróis e esteróides	+	+
Glicosídeos	–	–
Aminoácidos e proteínas	–	–
Saponinas	+	+
Terpenóides	–	–

Nota: "+" indica presença e "-" indica ausência

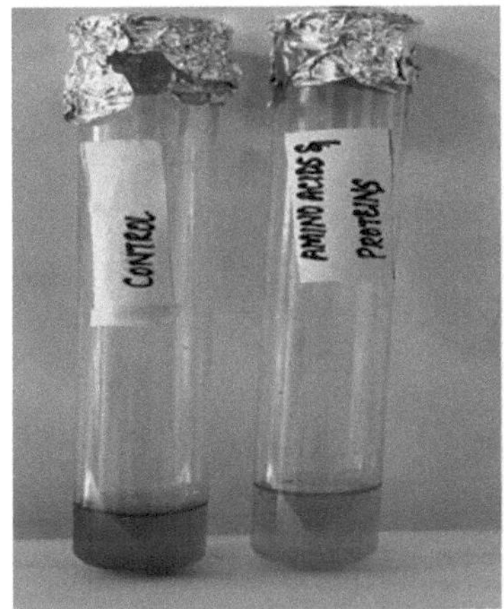

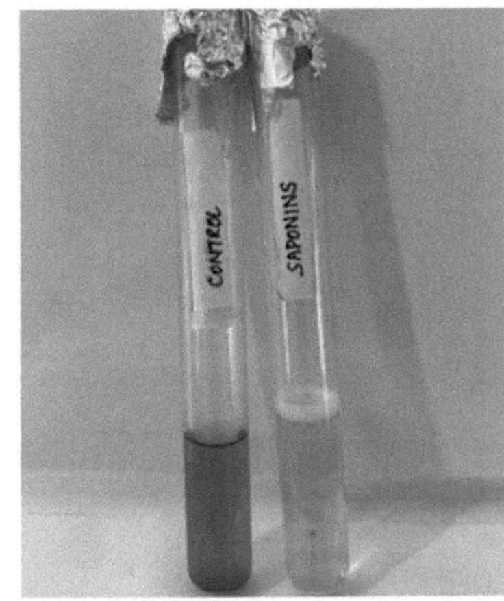

Figura 2: Teste para Aminoácidos e Proteínas

Figura 3: Teste para saponinas

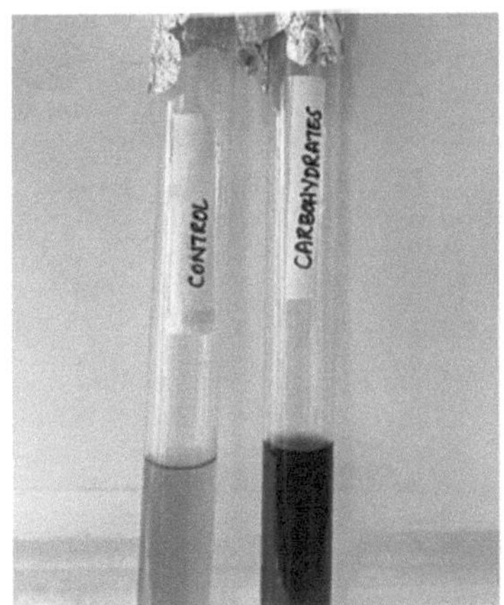

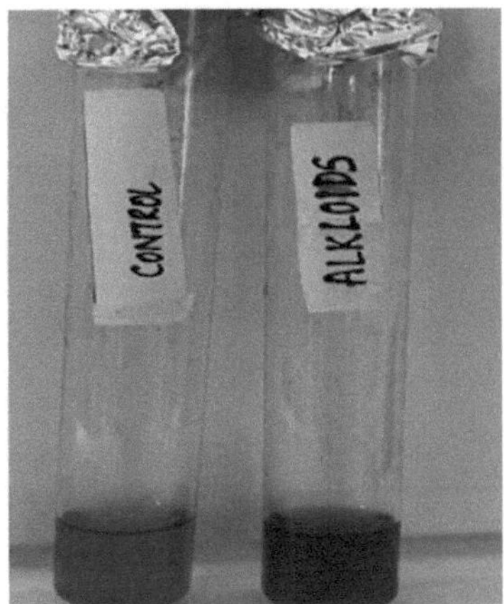

Figura 4: Teste de deteção de hidratos de carbono

Figura 5: Teste para alcalóides

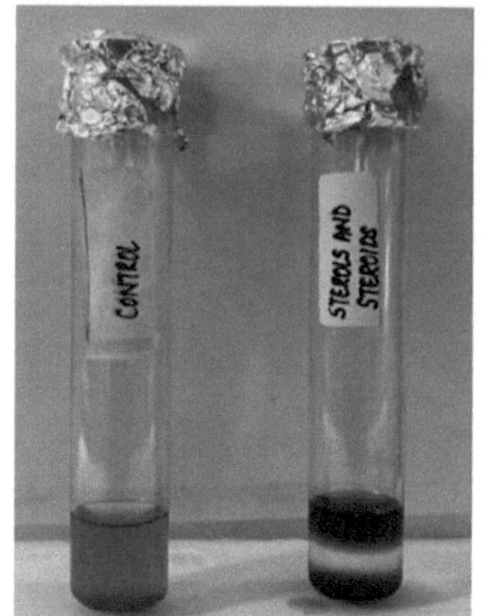

Figura 6: Teste para esteróis e esteróides

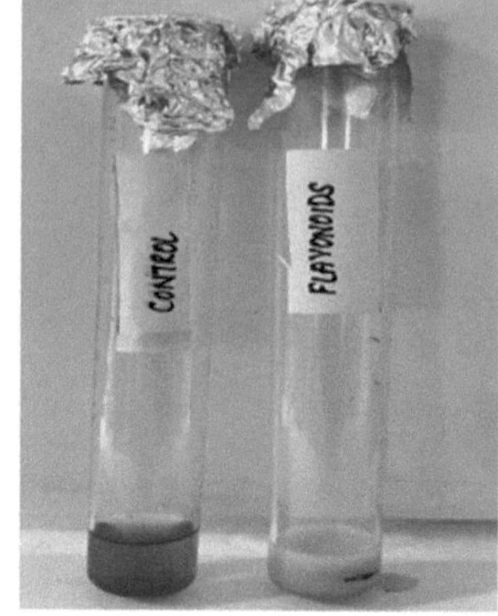

Figura 7: Teste para flavonóides

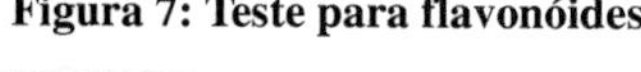

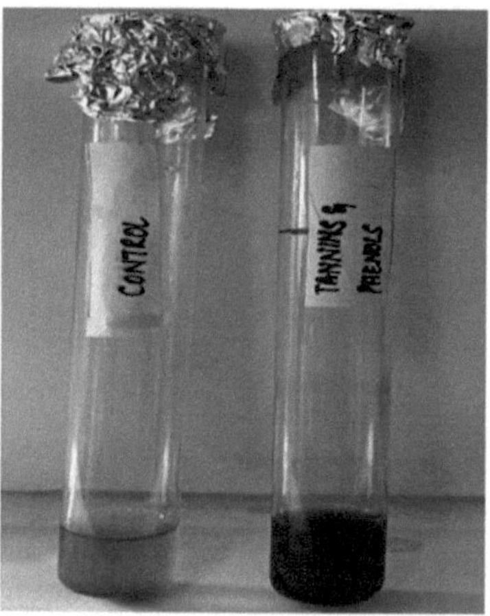

Figura 8: Teste para taninos e fenóis

Síntese de nanopartículas de ferro

Para a formação de nanopartículas de ferro, 50 ml de extrato de folhas de um frasco cónico foram aquecidos a 55^0 e misturados com 1-2 ml de solução de cloreto férrico durante 4 horas, resultando numa cor castanha-avermelhada. A síntese de nanopartículas de ferro a partir do extrato metanólico de *Hydrocotyle leucocephala* foi caracterizada por espetroscopia UV-Visível, FTIR, microscopia eletrónica de varrimento e difração de raios X.

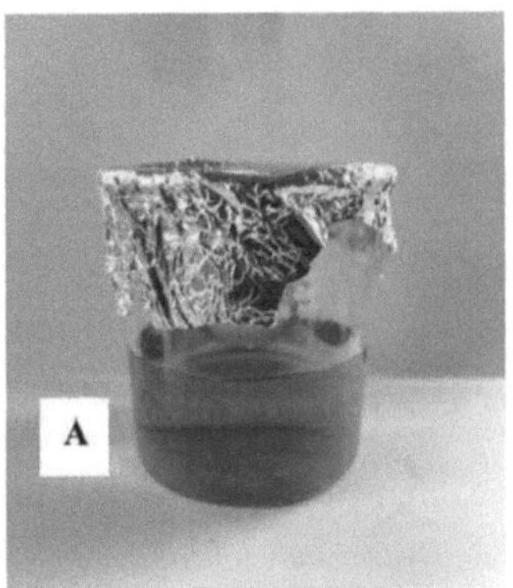

Figura 9 A e B: A mudança de cor de castanho-amarelado para castanho-avermelhado indicou a síntese de nanopartículas de ferro (A - Extrato metanólico de *Hydrocotyle leucocephala*; B - Nanopartículas de ferro sintetizadas)

Caracterização de nanopartículas de ferro de *Hydrocotyle leucocephala*

Espectroscopia UV-Visível

O método mais utilizado para analisar as caraterísticas ópticas das partículas é a espetroscopia UV-visível. A produção de nanopartículas de ferro foi indicada por uma mudança de cor de castanho amarelado para castanho avermelhado. A criação de nanopartículas de ferro foi estudada utilizando a espetroscopia UV-visível na gama de 200-510 nm, e o maior pico foi encontrado nas áreas de 260 nm devido à ativação das vibrações plasmónicas de superfície.

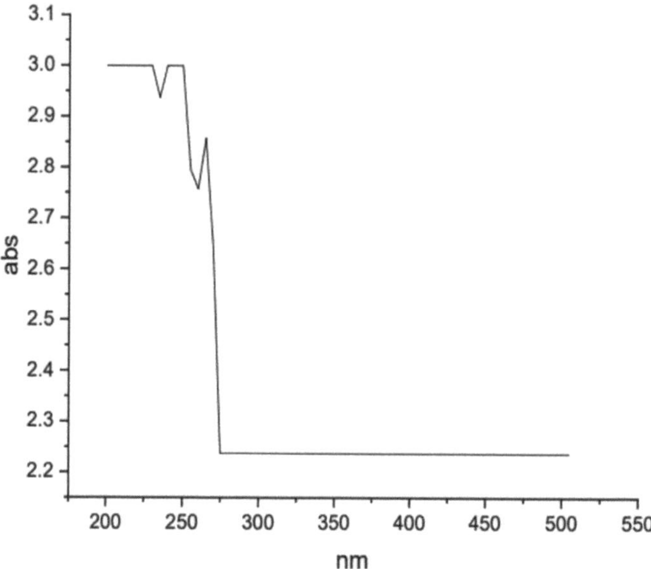

Figura 10: Espectros UV de NP's de ferro em diferentes intervalos de tempo de nanopartículas de ferro sintetizadas de *Hydrocotyle leucocephala*

Análise FTIR

Nos espectros de IV, observam-se bandas intensas a 3438, 2922, 1617, 1384 e 1097 cm^{-1} para as FeNPs idênticas, indicando que as biomoléculas são responsáveis pela estabilização. As bandas a cerca de 3400 cm^{-1} devem-se à vibração de estiramento -OH alcoólico, o pico a cerca de 1630 cm^{-1} pode dever-se a vibrações de estiramento de -C=C/-C=O, e o pico a 1384 cm^{-1} deve-se provavelmente ao modo de flexão -CH e o pico a cerca de 1099 cm^{-1} pode ser atribuído à vibração de estiramento -C-O. As bandas vibracionais que correspondem aos grupos funcionais como -OH, -C=O, -C=C e -C-O são provavelmente derivadas dos flavonóides e glicosídeos solúveis em água (Devi *et al.*, 2016b)

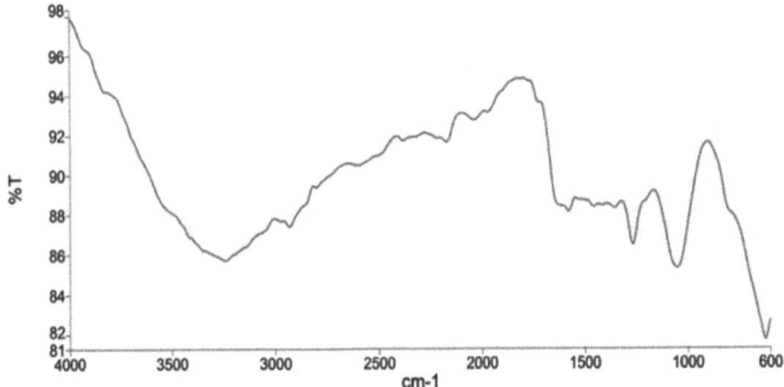

Figura 11: Espectros FTIR de NP's de ferro em diferentes intervalos de tempo de nanopartículas de ferro sintetizadas de *Hydrocotyle leucocephala*

Análise de difração de raios X

A cristalinidade da amostra foi examinada por XRD, em que D é o tamanho dos cristais, λ é o comprimento de onda dos raios X, β é o alargamento do pico de difração e θ é o ângulo de difração. Os picos distintos foram encontrados a 21 e 36, representando as placas de cristal.

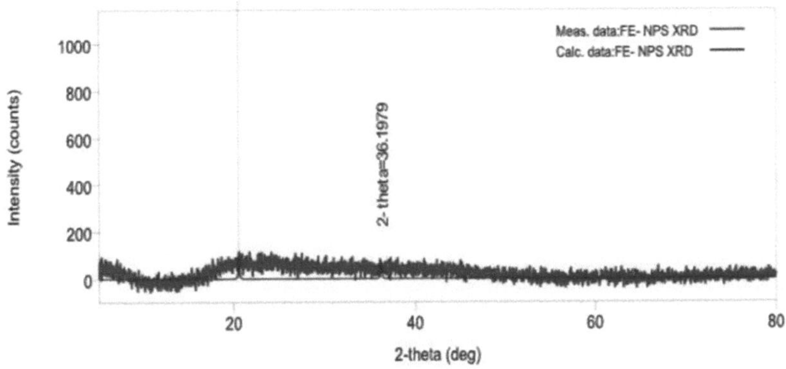

Figura 12: Análise XRD de NPs de ferro de nanopartículas de ferro sintetizadas de *Hydrocotyle leucocephala*

Análise SEM

A amostra em pó foi analisada quanto à estrutura e morfologia das nanopartículas de ferro sintetizadas utilizando SEM em diferentes níveis de ampliação, incluindo imagens SEM que revelaram que as nanopartículas de ferro sintetizadas foram agregadas como formas esféricas irregulares com superfícies rugosas. A morfologia das nanopartículas parecia ser maioritariamente porosa e esponjosa.

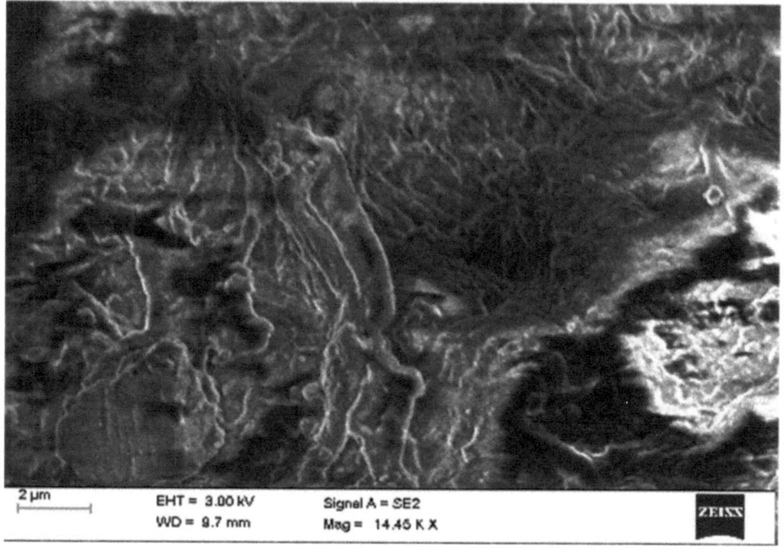

Figura 13: Análise SEM de NPs de ferro de nanopartículas de ferro sintetizadas a partir de *Hydrocotyle leucocephala*

Atividade Antibacteriana de Nanopartículas de Ferro Sintetizadas a partir de *Hydrocotyle leucocephala*:

O efeito antibacteriano das FeNPs biossintetizadas foi explorado em algumas bactérias Gram-positivas e Gram-negativas. O presente estudo demonstrou que as FeNPs sintetizadas a verde têm uma atividade antibacteriana mais eficiente em *Proteus spp, Staphylococcus aureus, Klebsiella spp, Pseudomonas spp*. As FeNPs sintetizadas a verde exibiram uma diminuição antimicrobiana atractiva através do aumento da área de superfície específica. O teste de difusão em poço foi utilizado para determinar o impacto antibacteriano das FeNPs sintetizadas em verde contra *S. aureus, Proteus spp, Klebsiella spp, Pseudomonas spp*, onde uma zona evidente de inibição do crescimento de FeNPs sintetizadas em verde a uma concentração de 0,1 mg/mL.

Tabela 2: Zona de inibição de vários organismos - Atividade antibacteriana Nanopartículas de ferro sintetizadas a partir de *Hydrocotyle leucocephala*

Concentration of Iron Nanoparticle (µg/mL)	Zone of Inhibition (mm)				
	Proteus sps	*Staphylococcus aureus*	*Klebsiella spp*	*Pseudomonas spp*	*Serratia spp*
10	25.83±1.32	23±0.60	25.83±0.8	23.83±4.19	23.66±0.75
15	36.26±1.43	17±1.00	37.06±1.10	46.1±1.88	26.03±0.75
25	57.03±1.56	21±3.95	43.33±1.23	39±1.00	28±1.00
Chloramphenicol (mg/mL) (+ control)	23.06±1.00	50.73±1.30	28.33±4.59	28.01±7.54	20.13±0.59

Atividade Anticancerígena Nanopartículas de Ferro Sintetizadas a partir de *Hydrocotyle leucocephala*:
Ensaio MTT de citotoxicidade

As células MDAMB foram submetidas a NPs de Fe biossintetizadas durante 24 horas e foram detectadas alterações morfológicas. As células cancerosas foram tratadas com 20-100 µg/mL de FeNPs e o crescimento celular foi monitorizado utilizando um microscópio de contraste de fase invertido. O ensaio MTT também foi utilizado para medir a viabilidade celular. A solução amarela de MTT decompõe-se em sal formazan púrpura nas mitocôndrias das células vivas. Por conseguinte, é adicionado DMSO (solução tampão de solubilização) para dissolver o produto formazan púrpura insolúvel numa solução colorida. Foi utilizado um espetrofotómetro para medir a viabilidade celular no fluido colorido a 570-630 nm. Os valores IC_{50} dos compostos de teste para a **linha MDAMB-231cell** para um tratamento de 24 horas foram de 52,51µg/mL.

Alterações na estrutura morfológica das células MDAMB

Na ausência de NPs, as formas celulares poligonais e alongadas normais e a morfologia intacta estavam presentes, mas a presença de NP resultou em modificações na morfologia celular. A forma das células cancerígenas MDAMB alterou-se mesmo com uma concentração de 20 g/mL de NPs de Fe. Descobriu-se que a quantidade de contração e deformação das células aumentava com o aumento da concentração de ferro. Juntamente com o aumento da concentração de NPs, há também uma diminuição significativa da densidade celular.

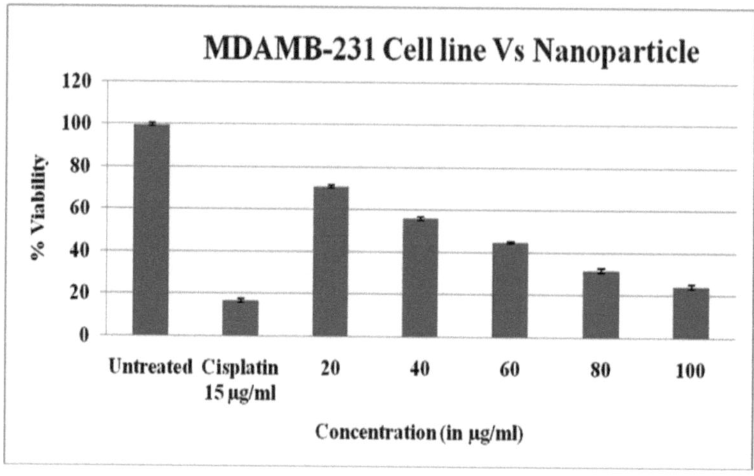

Figura 14: Ensaio de Citotoxicidade em Nanopartículas de Ferro Sintetizadas de *Hydrocotyle leucocephala* em células MDAMB 231 por MTT.

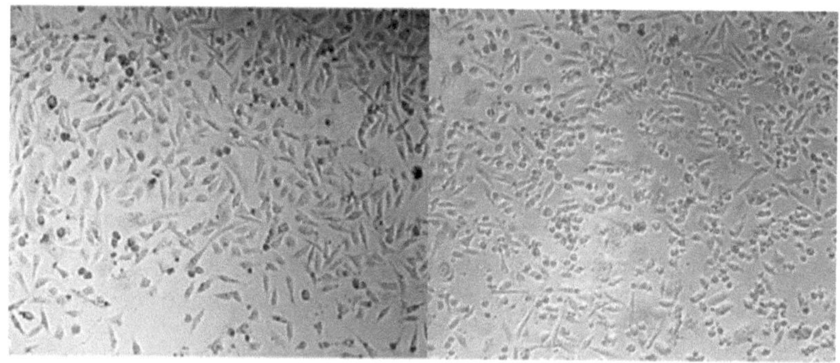

A. **Cisplatina padrão**

B. Célula não tratada

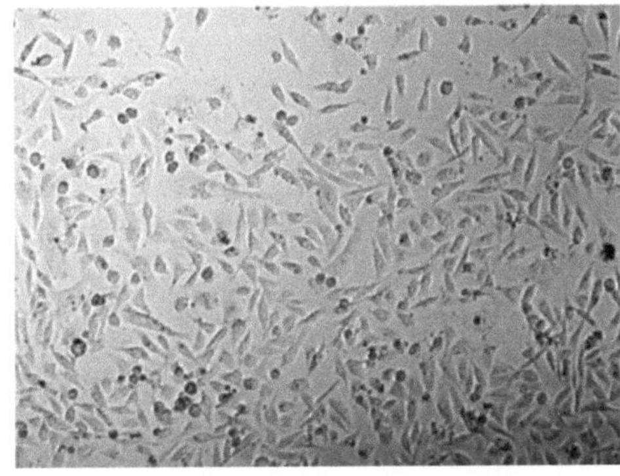

C. Nanopartículas de ferro sintetizadas a partir de *Hydrocotyle leucocephala* (20 µg)

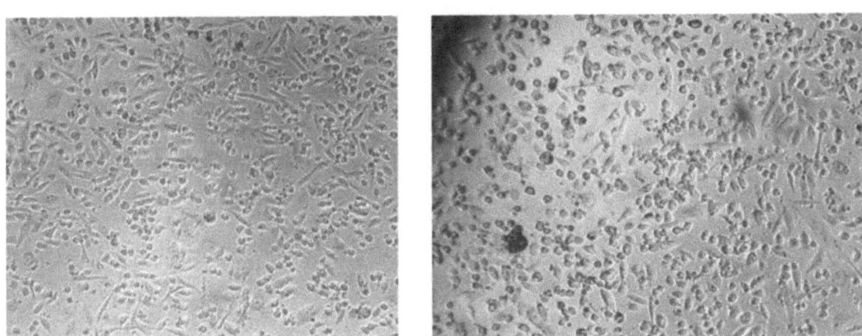

D. Nanopartículas de ferro sintetizadas a partir de Hydrocotyle leucocephala (40 µg)

E. Nanopartículas de ferro sintetizadas a partir de Hydrocotyle leucocephala (60 µg)

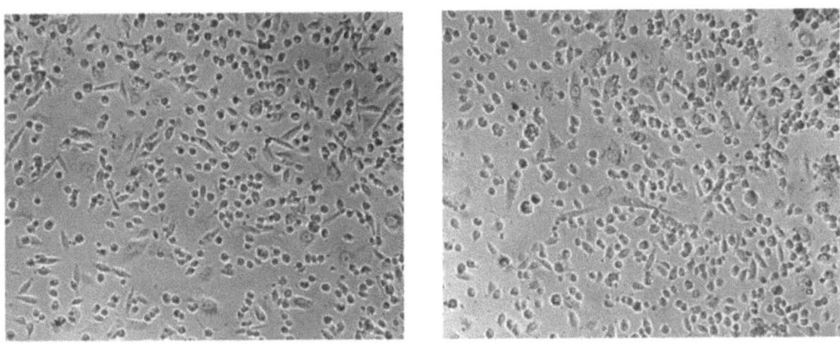

F. Nanopartículas de ferro sintetizadas a partir de Hydrocotyle leucocephala (80 µg)

G. Nanopartículas de ferro sintetizadas a partir de Hydrocotyle leucocephala (100 µg)

Figura 15: Alterações morfológicas observadas nas células MDAMB com nanopartículas de ferro sintetizadas a partir de *Hydrocotyle leucocephala*

O cancro da mama é uma das principais causas de morte nas mulheres em todo o mundo. A elevada taxa de metastização e a resistência aos medicamentos fazem dele um dos cancros mais difíceis de tratar. O diagnóstico e o tratamento precoces são fundamentais para uma melhor sobrevivência das doentes com cancro da mama. As abordagens convencionais de tratamento, como a quimioterapia, a radioterapia e a cirurgia, apresentam grandes inconvenientes. É necessário desenvolver novas abordagens para melhorar a terapia do cancro com danos mínimos para os tecidos normais e uma melhor qualidade de vida para os doentes com cancro. Entre as várias abordagens utilizadas para o tratamento e o diagnóstico do cancro da mama, a utilização de nanopartículas (NPs) está a surgir como um novo e promissor regime de tratamento. Pode ajudar a ultrapassar várias limitações das terapias convencionais, como efeitos não direcionados, resistência ao tratamento, diagnóstico tardio, etc. Entre as várias nanopartículas estudadas para as suas aplicações biomédicas, especialmente para a terapia do cancro da mama, as nanopartículas de óxido de ferro (IONPs) são talvez as mais interessantes devido à sua biocompatibilidade, biodegradabilidade, tamanho e propriedades como o superparamagnetismo. Além disso, as IONP são também as únicas nanopartículas de óxido metálico aprovadas para utilização clínica em imagiologia por ressonância magnética (MRI), o que constitui uma vantagem adicional para a deteção precoce.

5.   RESUMO E CONCLUSÃO

A análise fitoquímica demonstrou que as folhas de *Hydrocotyle leucocephala* se devem à presença de compostos fitoquímicos como alcalóides, flavonóides, taninos, hidratos de carbono e saponinas, quando comparados com os extractos aquosos e de metanol. A síntese biológica rápida de nanopartículas de ferro utilizando o extrato de folhas de *Hydrocotyle leucocephala* proporciona uma via ecológica, simples e eficiente para a síntese de nanopartículas benignas. As nanopartículas sintetizadas eram esféricas e em forma de folha e os tamanhos estimados eram de 160-180 nm, que foram encontrados a partir da caraterização utilizando espetrofotómetro UV-vis, SEM, XRD e técnicas FTIR. Todas estas técnicas provaram que a concentração do extrato da planta e a relação do ião metálico desempenham um papel importante na determinação da forma das nanopartículas. As nanopartículas mais concentradas tinham um aspeto em forma de folha, enquanto as concentrações mais baixas apresentavam uma forma esférica. O tamanho das nanopartículas em diferentes concentrações também foi diferente, o que depende da redução dos iões metálicos.

A nanotecnologia tem sido utilizada de forma notável para detetar e tratar várias doenças e tem conduzido a numerosos desenvolvimentos médicos. O presente estudo mostrou o potencial de utilização de nanopartículas de óxido de ferro como agentes terapêuticos e reconheceu o seu mérito em relação aos agentes terapêuticos convencionais. Embora as FeNPs só sejam comercializadas para tratar a anemia por deficiência de ferro e o tratamento do cancro, estão a ser realizadas várias experiências para promover as suas aplicações clínicas. Por exemplo, estão a ser avaliados alguns métodos para sintetizar IONPs puras e estáveis com rendimentos de produção mais elevados que não contenham subprodutos tóxicos. Além disso, as nanopartículas de ferro podem ser modificadas para melhorar a sensibilidade e a especificidade do diagnóstico, de modo a obter avanços significativos na medicina personalizada.

O impacto que as NPs podem ter na nanoterapia do cancro ainda não foi totalmente explorado. As NPs, em particular as FeNPs, têm um grande potencial para melhorar o tratamento do cancro da mama. Aumentam a sensibilidade das células do cancro da mama à deteção por RMN, à hipertermia, à quimioterapia, à radioterapia e à terapia fotodinâmica. A propriedade única das FeNPs de atuar simultaneamente como agente de diagnóstico e terapêutico deve ser mais explorada para desenvolver medicamentos de baixo custo. As FeNPs podem ser desenvolvidas como uma importante ferramenta terapêutica para a deteção precoce, que é a base da prevenção e de uma melhor sobrevivência dos doentes com cancro da mama.

6. REFERÊNCIAS

❖ Angelova, S., Gospodinova, Z., Krasteva, M., Antov, G., Lozanov, V., Markov, T., Bozhanov, S., Georgieva, E., Mitev, V., & Georgieva Angelova, S. (n.d.). Antitumor activity of Bulgarian herb Tribulus terrestris L. on human breast cancer cells. *J. BioSci. Biotech, 2013*(1), 25-32.

❖ Ayoola, G. A., Coker, H., Adesegun, S. A., Adepoju-Bello, A. A., Obaweya, K., Ezennia, E. C., & To, A. (2008). Rastreio Fitoquímico e Actividades Antioxidantes de Algumas Plantas Medicinais Selecionadas Utilizadas para a Terapia da Malária no Sudoeste da Nigéria. *Revista Tropical de Investigação Farmacêutica, 7*(3).

❖ Batool, F., Iqbal, M. S., Khan, S. U. D., Khan, J., Ahmed, B., & Qadir, M. I. (2021). Nanopartículas de ferro sintetizadas biologicamente (FeNPs) de Phoenix dactylifera têm atividades antibacterianas. *Relatórios Científicos, 11*(1), 36-47.

❖ Begum, N. A., Mondal, S., Basu, S., Laskar, R. A., & Mandal, D. (2009). Biogenic synthesis of Au and Ag nanoparticles using aqueous solutions of Black Tea leaf extracts (Síntese biogénica de nanopartículas de Au e Ag utilizando soluções aquosas de extractos de folhas de chá preto). *Colloids and Surfaces B: Biointerfaces, 71*(1), 113-118.

❖ Buarki, F., AbuHassan, H., Al Hannan, F., & Henari, F. Z. (2022). Síntese verde de nanopartículas de óxido de ferro usando flores de Hibiscus rosa sinensis e sua atividade antibacteriana. *Jornal de Nanotecnologia, 2022*, 1-6.

❖ Chebii, W. K., Muthee, J. K., & Kiemo, K. (2020). A governação da medicina tradicional e dos remédios à base de plantas nos mercados locais selecionados do Quénia Ocidental. *Jornal de Etnobiologia e Etnomedicina, 16*(1).

❖ Demissie, M. G., Sabir, F. K., Edossa, G. D., & Gonfa, B. A. (2020). Síntese de Nanopartículas de Óxido de Zinco Utilizando Extrato de Folha de Lippia adoensis (Koseret) e Avaliação de sua Atividade Antibacteriana. *Jornal de Química,*

❖ Devi, T. A., Ananthi, N., & Amaladhas, T. P. (2016a). Síntese fotobiológica de nanopartículas de metais nobres utilizando Hydrocotyle asiatica e aplicação como catalisador para a fotodegradação de corantes catiónicos. *Jornal de Nanoestrutura em Química, 6*(1), 75-92.

❖ Devi, T. A., Ananthi, N., & Amaladhas, T. P. (2016b). Síntese fotobiológica de nanopartículas de metais nobres utilizando Hydrocotyle asiatica e aplicação como catalisador para a fotodegradação de corantes catiónicos. *Jornal de Nanoestrutura em Química, 6*(1), 75-92.

❖ Elumalai, K., Velmurugan, S., Ravi, S., Kathiravan, V., & Ashokkumar, S. (2015). Bio-fabricação de nanopartículas de óxido de zinco usando extrato de folha de curry (Murraya koenigii) e suas atividades antimicrobianas. *Ciência dos Materiais no Processamento de Semicondutores, 34*, 365-372.

❖ Gerlier, D., & Thomasset, N. (1986). Utilização do ensaio colorimétrico MTT para medir a ativação celular. Em *Journal of Immunological Methods* (Vol. 94).

❖ Guo, M., Lv, H., Chen, H., Dong, S., Zhang, J., Liu, W., He, L., Ma, Y., Yu, H., Chen, S., & Luo, H. (2023). Estratégias de biossíntese e produção de compostos bioativos em plantas medicinais. *Medicamentos fitoterápicos chineses.*

❖ Igbinosa, O. O., Igbinosa, E. O., & Aiyegoro, O. A. (2009). Atividade antimicrobiana e rastreio fitoquímico de extractos de casca de caule de Jatropha curcas (Linn). *Jornal Africano de Farmácia e Farmacologia, 3*(2), 58-062.

❖ Kiselova-Kaneva, Y., Galunska, B., Nikolova, M., Dincheva, I., & Badjakov, I. (2022). Caracterização de alta resolução LC-MS/MS da composição polifenólica e avaliação da atividade antioxidante do chá de fruta Sambucus ebulus tradicionalmente utilizado na Bulgária como alimento funcional. *Química Alimentar, 367.*

❖ KSV, G. (2017). Síntese verde de nanopartículas de ferro usando extrato de folhas de chá verde. *Jornal de Nanomedicina e Descoberta Bioterapêutica, 07*(01).

❖ Kuete, V., Tangmouo, J. G., Penlap Beng, V., Ngounou, F. N., & Lontsi, D. (2006). Atividade antimicrobiana do extrato metanólico da casca do caule de tridesmostemon omphalocarpoides (Sapotaceae). *Journal of Ethnopharmacology, 104*(1-2), 5-11.

❖ Kumari, R., Brahma, G., Rajak, S., Singh, M., & Kumar, S. (2016). Atividade antimicrobiana de nanopartículas de prata verde produzidas usando extrato aquoso de folhas de Hydrocotyle rotundifolia. *Farmácia Oriental e Medicina Experimental, 16*(3), 195-201.

❖ Liao JC, Deng JS, Chiu CS, Huang SS, Hou WC, Lin WC, Huang GJ. Composições químicas, actividades anti-inflamatórias, antiproliferativas e de eliminação de radicais da *Actinidia callosa var. ephippioides. Am J Chin Med.* 2012; 40(5):1047-62.

❖ Liaqat, N., Jahan, N., Khalil-ur-Rahman, Anwar, T., & Qureshi, H. (2022). Nanopartículas de prata sintetizadas verdes: Otimização, caraterização, atividade antimicrobiana e estudo de citotoxicidade por ensaio de hemólise. *Fronteiras em Química, 10.*

❖ Mohanta, Y. K., Biswas, K., Jena, S. K., Hashem, A., Abd_Allah, E. F., & Mohanta, T. K. (2020). Atividades Anti-biofilme e Antibacteriana de Nanopartículas de Prata Sintetizadas pela Atividade Redutora de Fitoconstituintes Presentes nas Plantas Medicinais Indianas. *Fronteiras em Microbiologia, 11.*

❖ Mourdikoudis, S., Pallares, R. M., & Thanh, N. T. K. (2018). Técnicas de caraterização de nanopartículas: Comparação e complementaridade no estudo das propriedades das nanopartículas. Em *Nanoscale* (Vol. 10, Issue 27, pp. 12871-12934). Sociedade Real de Química.

❖ Nicolas, A. N., & Plunkett, G. M. (2009). O desaparecimento da subfamília Hydrocotyloideae (Apiaceae) e o realinhamento dos seus géneros em toda a ordem Apiales. *Molecular Phylogenetics and Evolution, 53*(1), 134-151.

❖ Parashar, V., Parashar, R., Sharma, B., & Pandey, A. C. (2009). Síntese de nanopartículas de prata mediada por extrato de folha de Parthenium: Uma nova abordagem para a utilização de ervas daninhas. In *Digest Journal of Nanomaterials and Biostructures* (Vol. 4, Issue 1).

❖ Prasathkumar, M., Anisha, S., Dhrisya, C., Becky, R., & Sadhasivam, S. (2021). Eficácia terapêutica e farmacológica de plantas medicinais indianas selectivas - Uma revisão. Em *Phytomedicine Plus* (Vol. 1, Issue 2).

❖ Sandhu, D. S., & Heinrich, M. (2005). The use of health foods, spices and other botanicals in the sikh community in London. *Phytotherapy Research, 19*(7), 633-642.

❖ Shafodino, F. S., Lusilao, J. M., & Mwapagha, L. M. (2022). Caracterização fitoquímica e atividade antimicrobiana das sementes de Nigella sativa. *PLoS ONE, 17*(8 agosto).

❖ Sharifi-Rad, M., Pohl, P., Epifano, F., & Álvarez-Suarez, J. M. (2020). Síntese verde de nanopartículas de prata usando astragalus tribuloides delile. Extrato de raiz: Caracterização, atividades antioxidante, antibacteriana e antiinflamatória. *Nanomateriais, 10* (12), 1-17.

❖ Smith, D. M., Simon, J. K., & Baker, J. R. (2013). Aplicações da nanotecnologia para imunologia. Em *Nature Reviews Immunology* (Vol. 13, Issue 8, pp. 592-605).

❖ Soetaert, F., Korangath, P., Serantes, D., Fiering, S., & Ivkov, R. (2020). Terapia do cancro com nanopartículas de óxido de ferro: Agentes de terapias térmicas e imunológicas. Em *Advanced Drug Delivery Reviews* (Vols. 163-164, pp. 65-83).

❖ Sridharan, M., Kamaraj, P., Vennilaraj, Arockiaselvi, J., Pushpamalini, T., Vivekanand, P. A., & Hari Kumar, S. (2019). Síntese, caraterização e avaliação de nanopartículas de óxido de cério biossintetizadas para sua atividade anticâncer em células de câncer de mama (MCF 7). *Materiais hoje: Proceedings, 36*, 914-919.

❖ Vanlalveni, C., Lallianrawna, S., Biswas, A., Selvaraj, M., Changmai, B., & Rokhum, S. L. (2021). Síntese verde de nanopartículas de prata utilizando extratos vegetais e suas atividades antimicrobianas: uma revisão da literatura recente. Em *RSC Advances* (Vol. 11, Issue 5, pp. 2804-2837).

❖ Xia, C., Huang, Y., Qi, Y., Yang, X., Xue, T., Hu, R., Deng, H., Bussmann, R. W., & Yu, S. (2022). Desenvolvimento de um planeamento prioritário de conservação a longo prazo para plantas medicinais na China, combinando o estado de conservação com análises de hotspots de diversidade e previsão de alterações climáticas. *BMC Biology, 20*(1).

❖ Xu, Z. P., Zeng, Q. H., Lu, G. Q., & Yu, A. B. (2006). Inorganic nanoparticles as carriers for efficient cellular delivery. *Chemical Engineering Science, 61*(3), 1027-1040.

yes
I want morebooks!

Buy your books fast and straightforward online - at one of world's fastest growing online book stores! Environmentally sound due to Print-on-Demand technologies.

Buy your books online at
www.morebooks.shop

Compre os seus livros mais rápido e diretamente na internet, em uma das livrarias on-line com o maior crescimento no mundo! Produção que protege o meio ambiente através das tecnologias de impressão sob demanda.

Compre os seus livros on-line em
www.morebooks.shop

info@omniscriptum.com
www.omniscriptum.com

Printed by Books on Demand GmbH, Norderstedt / Germany